*Fernand Papillon*

# La Lumière et la Vie

*Biologie générale*

 Le code de la propriété intellectuelle du 1er juillet 1992 interdit en effet expressément la photocopie à usage collectif sans autorisation des ayants droit. Or, cette pratique s'est généralisée dans les établissements d'enseignement supérieur, provoquant une baisse brutale des achats de livres et de revues, au point que la possibilité même pour les auteurs de créer des œuvres nouvelles et de les faire éditer correctement est aujourd'hui menacée. En application de la loi du 11 mars 1957, il est interdit de reproduire intégralement ou partiellement le présent ouvrage, sur quelque support que ce soit, sans autorisation de l'Éditeur ou du Centre Français d'Exploitation du Droit de Copie , 20, rue Grands Augustins, 75006 Paris.

ISBN : 978-1978000476

10  9  8  7  6  5  4  3  2  1

Fernand Papillon

# La Lumière et la Vie

*Biologie générale*

## *Table de Matières*

| | |
|---|---|
| **Introduction** | 6 |
| **Section I** | 7 |
| **Section II** | 14 |
| **Section III** | 18 |
| **Section IV** | 24 |

## Introduction

L'être organisé que nous observons à la surface du globe ne subsiste pas seulement par la nourriture qu'il absorbe tantôt sous la forme d'aliments, tantôt sous la forme d'air atmosphérique ; il a besoin aussi de chaleur, d'électricité et de lumière, qui sont comme le ressort intime et vivifiant du monde. Ses organes sont soumis à la double influence d'un milieu interne représenté par les humeurs qui baignent ses tissus, et d'un milieu externe constitué par tous les agents subtils et mobiles qui remplissent l'espace. Cette étroite solidarité des êtres et des milieux où ils sont plongés, trop évidente pour avoir été entièrement méconnue, mais trop complexe pour être analysée par une science rudimentaire, a été soumise de nos jours à un examen pénétrant et méthodique dont les résultats présentent un intérêt considérable. La lumière en particulier joue dans cet ensemble un rôle digne d'être approfondi. Soit que l'on considère l'existence organique à son degré le plus simple et dans son expression la plus infime, soit qu'on l'envisage dans ses fonctions les plus élevées, l'influence de la lumière y apparaît dans des rapports aussi singuliers qu'imprévus. Les belles formes comme les intenses couleurs, les harmonies cachées de la vie comme ses floraisons éclatantes, ont une mystérieuse parenté avec cette vapeur d'or que le soleil projette sur le monde.

A ce point de vue, la science moderne justifie les adorations naïves de l'homme primitif. Elle aide à comprendre le culte dont l'astre du jour fut l'objet dans les civilisations primordiales et les touchantes terreurs qui assaillaient ces peuples enfants, lorsque le soir ils voyaient disparaître lentement à l'horizon le globe empourpré qui recelait pour eux toute puissance et toute splendeur. Ce pieux fétichisme n'était pas seulement un témoignage de gratitude pour les trésors de fécondité que le soleil répand sur la terre, c'était aussi un hommage à la source consolatrice de la clarté et de la joie, c'était le symptôme d'une affinité naturelle entre l'homme et la lumière. Les Védas, les hymnes orphiques et d'autres monuments des premières religions sont pleins de ce sentiment, qu'on retrouve dans beaucoup de poètes et de philosophes de l'antiquité, entre autres dans Lucrèce et dans Pline. Dante, qui invoque si souvent la lumière (*la luce divina e penetrante*), couronne son poème par un hymne qui est surtout l'apologie symbolique de la suprême clarté. D'autre part, les laboureurs, les jardiniers, les médecins, s'accordent pour attester les bienfaits de la lumière. Les naturalistes et les voyageurs de tous les temps, frappés aussi de la puissance du soleil, en ont signalé les effets de toute sorte. Alexandre de Humboldt, après Lavoisier et Goethe, en remarque souvent les influences diverses. Un aussi fertile objet d'études ne commença cependant qu'au milieu du XVIIIe siècle à provoquer des recherches expérimentales sérieuses, et telle est la difficulté de ce vaste et complexe problème que, malgré une longue série d'efforts, la solution n'en est encore que partiellement trouvée. De grandes lacunes restent à combler, et beaucoup d'inconnues à dégager ; on n'a même pas encore tenté de coordonner l'ensemble des résultats obtenus. C'est cette dernière tâche que nous voudrions remplir ici, afin de montrer dans un exemple remarquable comment s'opère l'évolution du savoir par la vertu de la méthode expérimentale, comment les expériences bien faites se suivent, se superposent, se soutiennent les unes les autres et sont éternellement instructives, enfin comment les hommes éminents procèdent dans le grand art d'interroger la nature vivante.

## Section I

Les plantes se nourrissent en absorbant par leurs racines certaines substances du sol et en décomposant, au moyen de leurs parties vertes, un gaz particulier contenu dans l'atmosphère, le gaz acide carbonique. Elles décomposent ce gaz en carbone, qu'elles s'assimilent, et en oxygène, qu'elles rejettent. Or ce phénomène, qui est le mode même de la respiration des végétaux, ne peut s'accomplir qu'avec la collaboration de la lumière solaire.

Charles Bonnet, de Genève, qui avait commencé sa carrière par l'expérimentation sur les plantes, et qui ne quitta cet attrayant sujet, pour s'occuper de philosophie, qu'à la suite d'un affaiblissement grave de sa vue, Charles Bonnet le premier, vers le milieu du XVIIIe siècle, vérifia rigoureusement cette collaboration. Il remarqua que les végétaux croissent verticalement et tendent vers le soleil, dans quelque position que leur graine ait été plantée en terre. Il démontra la généralité de ce fait, que dans les lieux obscurs les plantes se dirigent toujours vers le point d'où vient la lumière. Enfin il découvrit que les plantes plongées dans l'eau dégagent des bulles de gaz sous l'influence du soleil. En 1771, Priestley, en Angleterre, fit une autre expérience. Il laissa brûler une bougie dans un espace clos jusqu'à ce que la lumière fût éteinte, c'est-à-dire jusqu'à ce que l'air y fût devenu impropre à la combustion. Il introduisit alors dans cet espace les parties vertes d'une plante fraîche, et au bout de dix jours l'air fut purifié au point que l'on put de nouveau y allumer la bougie. Il avait prouvé ainsi que les plantes substituent un gaz combustible au gaz vicié par la combustion ; mais il avait reconnu également qu'à certains moments un phénomène opposé semble se produire. Le médecin hollandais Ingenhousz devait, dix ans plus tard, expliquer cette apparente contradiction. « A peine fus-je engagé dans ces recherches, dit cet habile physicien, que la scène la plus intéressante s'ouvrit à mes yeux. J'observai que les plantes n'ont pas seulement la faculté de corriger l'air impur en six jours ou plus, comme les expériences de M. Priestley semblent l'indiquer, mais qu'elles s'acquittent de ce devoir important en peu d'heures et de la manière la plus complète, que cette opération merveilleuse n'est aucunement due à la végétation, mais à l'influence de la lumière du soleil sur les plantes, qu'elle commence seulement quelque temps après que le soleil s'est élevé à l'horizon, qu'elle est suspendue entièrement pendant l'obscurité de la nuit, que les plantes ombragées par les bâtiments élevés ou par d'autres plantes ne s'acquittent pas de ce devoir, c'est-à-dire n'améliorent pas l'air, mais au contraire exhalent un air malfaisant et répandent un vrai poison dans l'air qui nous environne, — que la production du bon air commence à languir vers la fin du jour et cesse entièrement au coucher du soleil, que toutes les plantes corrompent l'air environnant pendant la nuit, que toutes les parties de la plante ne s'occupent pas de purifier l'air, mais seulement les feuilles et les rameaux verts. »

Comment se produisent cette transformation d'air impur en air pur sous l'influence du soleil et le phénomène inverse dans l'obscurité ? C'est à quoi répondit Senebier, compatriote et ami de Charles Bonnet. Appliquant au problème les découvertes récentes de Lavoisier, il fit voir que l'air impur absorbé et décomposé le jour par les plantes n'est autre chose que l'acide carbonique produit par une bougie qui brûle ou par un animal qui respire, et que l'air pur résultant de cette décomposition est de l'oxygène. Il prouva de plus que le gaz dégagé par les végétaux pendant la nuit est également de l'acide carbonique, et par conséquent que la respiration diurne des plantes est l'inverse de leur respiration nocturne. Il démontra enfin que la chaleur ne peut remplacer la lumière dans ces opérations. La nature du phénomène était ainsi expliquée, mais il restait encore à savoir quel rapport existe entre le volume d'acide carbonique absorbé et le volume d'oxygène exhalé. Un autre Genevois, Théodore de Saussure, montra que le volume d'oxygène dégagé est inférieur à celui de l'acide carbonique absorbé, et qu'en même temps une portion de l'oxygène retenu par la plante est remplacée par de l'azote exhalé. Il admit que cet azote provenait de la substance même de la plante. — Cette fonction des parties vertes des végétaux s'accomplit d'ailleurs avec une grande vitesse et une grande énergie. M. Boussingault, qui a fait de remarquables travaux à ce sujet, remplit un vase de verre avec des feuilles de vigne, le plaça au soleil, et y fit passer un courant d'acide carbonique : il ne recueillit à la sortie que de l'oxygène pur. On a calculé qu'une feuille de nénufar abandonne ainsi pendant l'été environ 300 litres d'oxygène.

En 1848, MM. Cloëz et Gratiolet apportèrent de nouveaux faits. Ils établirent que les plantes aquatiques se comportent durant le jour comme les autres, mais que la nuit elles sont inactives et ne donnent lieu à aucun dégagement d'acide carbonique. Ils démontrèrent l'énergique instantanéité de l'action solaire sur la respiration végétale. En plaçant quelques feuilles de *polamogeton* ou de *nayas* dans une éprouvette remplie d'eau saturée de gaz carbonique, on voit, dès que l'appareil est exposé au soleil, se dégager de la surface des feuilles une infinité de petites bulles d'oxygène presque pur. L'ombre d'un léger nuage traversant l'atmosphère suffit pour ralentir aussitôt le dégagement, qui reprend une activité soudaine après son passage. En interceptant le faisceau solaire avec un écran, on observe très nettement les alternatives de rapidité et de lenteur dans la production des bulles gazeuses, selon que la plante reçoit ou ne reçoit point les rayons lumineux. Les plantes aquatiques présentent d'autres particularités intéressantes. La lumière diffuse est incapable d'y provoquer la décomposition de l'acide carbonique, à moins que le phénomène n'ait été préalablement excité par la lumière directe du soleil. Bien plus, l'influence solaire une fois produite, la réduction de l'acide carbonique se continue même dans l'obscurité. Le végétal persiste la nuit dans son mode de respiration diurne. La force vive de la lumière solaire peut donc, comme le dit très bien M. Van Tieghem, qui a découvert cette propriété curieuse, se fixer, s'emmagasiner dans les plantes vivantes, pour agir après coup dans l'obscurité complète, et s'épuiser peu à peu en sa transformant en un travail chimique équivalent. Elle se fixe semblablement dans les sulfures *phosphorescens* pour apparaître ensuite sous forme de radiations moins intenses ; elle s'accumule dans le papier, l'amidon et la porcelaine, pour se manifester, après un temps plus ou moins long, par son action sur les sels d'argent. La propriété que possèdent les cellules vertes des végétaux n'est donc pas isolée ; c'est un cas particulier de cette propriété générale, inhérente à beaucoup de corps, de retenir dans leur masse, sous une forme inconnue, une partie des vibrations incidentes, et de les conserver en les transformant, pour les émettre plus tard, soit à l'état de radiations lumineuses, soit à l'état de travail chimique ou mécanique. Le grand principe de la transformation des forces se vérifie ainsi dans le règne végétal. On pourrait enfin remarquer que ces faits d'activité persistante, provoqués par une excitation initiale, viennent à l'appui de cette idée, que les forces vives sont dans un lien étroit avec la structure des molécules des corps, et peut-être même sont l'expression déterminée de cette structure. On ne conçoit pas d'énergie variée dans un atome mathématique et irréductible ; mais dans une molécule formée d'un certain nombre d'atomes on se représente des figures dynamiques d'un ordre très composé.

Nous n'avons jusqu'ici envisagé que l'action de la lumière blanche, l'effet d'ensemble des rayons que nous envoie le soleil, mais cette lumière n'est pas simple. Elle se compose d'un grand nombre de radiations dont la couleur et les propriétés sont distinctes. Lorsqu'on décompose la lumière blanche par le prisme, on obtient sept groupes de rayons visibles et inégalement réfrangibles, violet, indigo, bleu, vert, jaune, orangé, rouge. Le spectre ou ruban coloré ainsi obtenu se prolonge et s'étend par des radiations invisibles.

Au-delà du rouge existent des radiations de chaleur obscure ou *rayons calorifiques*, au-delà du violet des radiations dites chimiques ou *rayons ultra-violets*. Les premières agissent sur le thermomètre, les secondes déterminent des réactions énergiques dans les composés chimiques. Quelle est leur influence sur la végétation ? La lumière solaire agit-elle par ses rayons colorés, par ses rayons de chaleur ou par ses rayons chimiques ?

Cette question a fait l'objet d'un grand nombre de travaux importants, et n'est peut-être pas encore résolue, Daubeny le premier, en 1836, fit respirer des plantes dans des verres colorés, et vit que le volume d'oxygène dégagé est toujours moindre dans les rayons colorés que dans la lumière blanche. Les rayons orangés lui semblèrent les plus énergiques ; ensuite venaient les rayons, bleus. Quelques années plus tard, Gardner, en Virginie, exposa aux divers rayons du spectre de jeunes plantes étiolées, longues de 5 à 7 centimètres, et il reconnut qu'elles reverdissent avec une rapidité maximum sous l'action des rayons jaunes et des rayons voisins. Dans une de ses expériences, la coloration verte fut obtenue avec les rayons jaunes en trois heures et demie, avec les orangés en quatre heures et demie, avec les bleus seulement au bout de dix-huit heures. On voit par là que la plus grande énergie de l'action solaire sur les végétaux ne correspond ni au maximum de chaleur, qui est placé à l'extrémité du rouge, ni au maximum d'intensité chimique, qui est à l'autre extrémité du spectre, c'est-à-dire dans le violet. Les radiations les plus actives, au point de vue chimique sont celles qui influent le moins dans les phénomènes de la vie végétale.

M. Draper, aujourd'hui professeur à l'université de New-York et auteur d'une très remarquable *Histoire du développement intellectuel de l'Europe*, entreprit à la même époque de nouvelles recherches plus précises. Il mit des brins d'herbe dans des tubes remplis d'eau chargée elle-même de gaz carbonique, et il exposa ces tubes les uns près des autres aux divers rayons du spectre solaire. Mesurant ensuite la quantité de gaz oxygène dégagée dans chacun de ces petits appareils, il constata que la plus grande production gazeuse avait eu lieu d'abord dans les tubes exposés à la lumière jaune et verte, puis dans les rayons orangés et rouges. En 1848, MM. Cloëz et Gratiolet découvrirent ce fait singulier, que l'action de la lumière sur la végétation est plus grande quand elle a traversé un verre dépoli que quand elle a traversé un verre transparent. M. Julius Sachs, plus récemment, a eu l'idée de mesurer le degré d'intensité de l'action de la lumière sur les plantes aquatiques en comptant le nombre de bulles gazeuses qui se dégagent de la coupe d'un rameau qu'on expose au soleil dans l'eau chargée d'acide carbonique. Il a observé ainsi que les bulles produites sous l'influence de la lumière orangée ne sont guère moins nombreuses que dans la lumière blanche, tandis que le rameau soumis à la lumière bleue donne un dégagement environ vingt fois moindre. Ces expériences sont décisives. Ni les rayons chimiques, ni les rayons calorifiques du faisceau solaire n'agissent sur les plantes. Les rayons lumineux seuls, et principalement les jaunes et les orangés, ont cette propriété. A ces résultats solidement établis, M. Gailletet a pu ajouter un fait nouveau, à savoir que la lumière verte se comporte comme l'obscurité à l'égard de la respiration végétale. Il explique ainsi pourquoi la végétation est languissante à l'ombre des grands arbres dans le bain de la lumière verte. Cette découverte de M. Gailletet a été, il est vrai, vivement contestée dans ces derniers temps, mais elle a été aussi défendue, entre autres par M. Bert, et nous verrons plus loin qu'elle est en harmonie avec tout le système des actions de la lumière dans les deux règnes vivants.[1]

La science en était là, il y a un an, lorsqu'un botaniste très distingué, M. Prillieux, fit connaître le résultat d'une série d'expériences faites dans un esprit tout différent, et où l'action de la lumière est étudiée à un point de vue nouveau. S'appuyant sur cette double considération, que les différents rayons colorés ne sont pas également lumineux, et que les rayons qui agissent le plus sur les plantes sont aussi ceux qui ont le plus grand pouvoir éclairant, M. Prillieux a voulu rechercher quelle influence peuvent produire sur les plantes des lumières de couleur diverse, mais d'intensité reconnue égale, et si cette influence est différente d'une couleur à l'autre ou si elle est la même à égalité de pouvoir éclairant. Les recherches consciencieuses et longues de cet expérimentateur l'ont conduit à admettre que les lumières de couleurs diverses agissent à un égal degré sur les parties vertes des plantes, et y déterminent un égal dégagement de gaz *pour une même intensité lumineuse*. Tous

---

1 M. Bert a constaté que la lumière verte tue le mouvement des sensitives.

les rayons lumineux déterminent, selon lui, la réduction de l'acide carbonique par les végétaux proportionnellement à leur pouvoir éclairant, et quelle que soit leur réfrangibilité. Si les rayons jaune et orangé sont plus actifs à cet égard, c'est que leur éclat lumineux est bien plus grand que celui des rayons extrêmes.

Les rayons lumineux favorisent également la production du tissu vert, de la matière verte de tous les végétaux. Les jardiniers, pour faire pâlir certaines plantes, les élèvent dans l'obscurité. Ils obtiennent ainsi des herbes jaune pâle, étiolées, sans vigueur et sans ressort. Elles sont atteintes d'une véritable chlorose, et dépérissent comme si elles étaient nées dans un sable stérile. Le soleil aide aussi à la transpiration des plantes et au renouvellement continu de l'humidité bienfaitrice dans leurs tissus. Quand l'humidité ne s'évapore pas, la plante tend à devenir hydropique, et ses feuilles tombent par suite de la faiblesse de la tige.

Cet amour des plantes pour la lumière, qui est un des besoins les plus impérieux de leur existence, se manifeste par d'autres phénomènes intéressants, et où l'on voit que les rayons solaires sont bien réellement l'*engrais* qui donne la couleur. La corolle des espèces végétales qui croissent à de grandes hauteurs sur les montagnes a des couleurs plus vives que celle des espèces qui poussent dans les lieux bas. Les rayons du soleil traversent en effet plus facilement l'atmosphère sereine qui baigne les cimes élevées. La teinte de certaines fleurs varie même suivant l'attitude. La corolle de l'*anthyllis vulneraria* passe ainsi du blanc au rouge pâle et au pourpre intense. En général, la végétation des endroits découverts et bien éclairés est plus riche en couleur et en dimension que celle des régions peu accessibles au soleil. Un certain nombre de fleurs qui naissent blanches se colorent ensuite par l'action directe de la lumière. Ainsi le *cheiranthus cameleo* a une fleur d'abord blanchâtre, puis jaune citron, puis rouge violacé. L'*hibiscus mutabilis* a une fleur qui naît le matin avec une couleur blanche, et qui devient rouge dans la journée. Les boutons floraux de l'*agapanthus umbellatus* sont blancs lorsqu'ils commencent à s'ouvrir, ils prennent ensuite une teinte bleue. Si on enveloppe la fleur au moment où elle sort de la spathe avec un papier noir interceptant la lumière, cette fleur reste blanche, mais reprend sa couleur au soleil. Les couleurs des fruits se développent également sous l'action bienfaisante du jour. Il en est de même des principes de toute sorte qui communiquent aux diverses parties de la plante le goût et l'odeur.

Fleurs, feuilles et fruits sont donc élaborés avec l'aide des vibrations lumineuses. Il y a des rayons de soleil dans leur tissu. Ces couleurs charmantes, ces doux parfums, ces saveurs exquises et toutes ces innocentes voluptés que nous procure le règne végétal, c'est la lumière qui en est créatrice. L'industrie de ces opérations merveilleuses nous échappe, tout comme celle qui règle les dispersions mobiles et les réfractions multiples auxquelles nous devons les spectacles imposants de l'aurore ; mais n'est-ce rien de concevoir déjà les premières lois, et de posséder une clarté de ces phénomènes grandioses ?

**Section II**

La lumière exerce sur les végétaux une action mécanique. Le sommeil des fleurs, l'inflexion des tiges, la nutation des plantes héliotropes, les migrations intra-cellulaires de la chlorophylle, fournissent à cet égard les preuves d'une sensibilité extrêmement délicate dans certaines espèces. Pline parle de cette plante, appelée tournesol, qui regarde toujours le soleil et tourne continuellement avec lui. Il remarque aussi que le lupin suit le soleil dans sa révolution diurne et indique les heures aux laboureurs. Tessier, à la fin du siècle dernier, entreprit l'étude de ces phénomènes, et il en déduisit d'une façon générale que les tiges des plantes se dirigent toujours du côté de la lumière et s'infléchissent, s'il le faut, pour la recevoir. Il nota aussi que les feuilles tendent à se tourner du côté par où vient le jour. Payer fit des expériences plus précises. Il opéra sur de jeunes tiges de cresson alénois venues dans l'obscurité sur du coton humide. Ces tiges ont la propriété de se courber et de s'incliner rapidement quand elles sont placées dans une chambre éclairée d'un seul côté, ou bien lorsqu'elles sont mises dans une boîte dont une seule paroi reçoit la lumière. C'est d'abord la partie supérieure de la tige qui s'infléchit, la partie inférieure restant droite. Dans un deuxième mouvement, le haut se redresse et le bas s'incline, en sorte que la plante redevient presque rectiligne tout en étant penchée. Lorsque la plante est mise dans une chambre où la lumière arrive par deux fenêtres, on observe ce qui suit : si les deux ouvertures sont du même côté et introduisent une égale clarté, la tige se courbe dans la direction du milieu de l'angle formé par les deux faisceaux ; si l'une des deux fenêtres laisse pénétrer plus de lumière, la tige tend vers elle ; si les ouvertures sont placées en face l'une de l'autre, la tige reste droite au cas où la lumière qui arrive est égale de part et d'autre, et se dirige vers les rayons les plus intenses en cas contraire. Payer a trouvé en outre que la partie du rayonnement lumineux particulièrement active ici correspond au violet et au bleu. Les radiations rouges, orangées, jaunes et vertes, semblent ne déterminer aucun mouvement dans les plantes. M. Gardner a poussé encore plus avant l'investigation. Il a semé des navets et les a laissés se développer dans l'obscurité jusqu'à ce qu'ils eussent atteint de 5 à 7 centimètres de longueur ; puis il a projeté sur ce petit champ les couleurs du spectre solaire obtenues avec le prisme. Les plantes se sont inclinées vers un axe commun. Celles qui étaient exposées aux rayons rouges, orangés, jaunes et verts, se sont penchées vers le bleu foncé, tandis que la partie éclairée par le violet a suivi une direction opposée. Le semis a pris ainsi l'apparence d'un champ de blé courbé par deux vents contraires. Les navets placés dans la région bleue-violette regardaient le prisme. M. Gardner a reconnu de la sorte, comme Payer, que les rayons les plus réfrangibles sont ceux qui opèrent la flexion des jeunes tiges. Il a constaté aussi que ces dernières se redressent dans l'obscurité.

Ces expériences, reprises et variées de bien des façons par Dutrochet et M. Guillemin, ont constamment donné les mêmes résultats ; mais le phénomène en lui-même reste à peu près inexpliqué. Cette remarque s'applique également aux faits si remarquables d'*enroulement* des plantes volubiles. Les tiges de ces plantes s'enroulent pour la plupart en tournant autour de leur support de gauche à droite. Les autres suivent une direction contraire. Certaines tiges tournent indifféremment dans les deux sens. M. Charles Darwin a conclu de ses recherches que la lumière exerce une action sur ce phénomène. Si l'on place des plantes volubiles dans une chambre, près d'une fenêtre, l'extrémité de leur tige met plus de temps pour décrire la demi-révolution pendant laquelle elle regarde le fond peu éclairé de la chambre que pour accomplir celle qui la maintient près de la fenêtre. Ainsi un volubilis ayant fait en cinq heures vingt minutes un tour entier, le demi-cercle du côté de la fenêtre n'a pas exigé tout à fait une heure, tandis que l'autre n'a été parcouru que dans l'espace de quatre heures trente minutes. M. Duchartre a placé des ignames de Chine (*diascorea batatas*) en pleine végétation, les uns dans un jardin, les autres dans une cave complètement obscure. Dans tous les cas, les tiges d'ignames ont perdu à l'obscurité la faculté de s'enrouler autour des baguettes qui leur servaient de tuteurs. Les plantes exposées au soleil présentèrent une portion enroulée, mais lorsqu'on les rentra dans la cave, elles poussèrent des tiges droites. On connaît pourtant des plantes volubiles dont l'enroulement semble n'avoir aucun rapport avec la lumière.

Le sommeil des plantes, certainement en connexité avec la lumière, est moins connu encore. Les fleurs et les feuilles de certains végétaux se flétrissent et s'affaissent à des heures déterminées. La corolle est fermée, et, après une douce léthargie, la plante s'épanouit à nouveau. Chez d'autres plantes, la corolle tombe et meurt sans s'être fermée. Chez d'autres, comme les *convolvulus*, l'occlusion de la fleur n'a lieu qu'une fois, et son sommeil marque sa fin. Linné a noté les heures où certaines plantes s'épanouissent et se ferment, et il a composé ainsi ce qu'on a appelé l'*Horloge de Flore*, mais on n'a pas pu établir scientifiquement les relations de ces occlusions avec l'intensité lumineuse.

La coloration verte des feuilles et des tiges végétales est due à une matière spéciale appelée *chlorophylle*, laquelle forme des granulations microscopiques contenues dans les cellules qui constituent ces feuilles et ces tiges. Ces grains sont plus ou moins nombreux dans chaque cellule, et c'est à leur nombre autant qu'à l'intensité de leur coloration qu'est due la nuance des tissus de la plante. Tantôt ils sont serrés les uns contre les autres et recouvrent totalement la surface interne de la cellule, tantôt leur quantité est moindre, et ils ne se touchent point. Or on a découvert récemment que, dans ce dernier cas, sous l'influence de la lumière, les corpuscules verts dont il s'agit éprouvent des changements de position très remarquables. M. Bœhm, il y a une douzaine d'années, vit pour la première fois que, chez certaines plantes grasses, les grains de chlorophylle s'agglomèrent sur un point de la paroi des cellules lorsque la plante est exposée à l'action du soleil. Il observa que le phénomène n'a lieu ni dans l'obscurité ni dans les rayons rouges. — La lame plane, formée d'une seule couche de cellules, dépourvue d'épiderme, qui constitue les feuilles des mousses, parut à M. Famintzin plus commode pour ce genre d'observations délicates. C'est en étudiant ces lames au microscope qu'il a pu suivre les mouvements qui s'y accomplissent. Pendant le jour, les grains de couleur verte sont disséminés à la partie supérieure et à la partie inférieure des cellules de la feuille. Pendant la nuit au contraire, ils se réunissent vers les parois latérales. Les rayons bleus agissent comme la lumière blanche. Les rayons jaunes, comme les rouges, maintiennent la chlorophylle dans sa position nocturne. L'ordre d'activité des rayons semble donc n'être plus le même ici que dans les phénomènes respiratoires. Les recherches de M. Borodine et de M. Prillieux ont prouvé que ces migrations intra-cellulaires des corpuscules colorants existent chez presque toutes les plantes cryptogames et dans un certain nombre de phanérogames. Les observations de M. Roze publiées dernièrement montrent que, dans les mousses, les grains de chlorophylle sont unis entre eux par des filets très ténus de plasma, et peuvent faire supposer que ces filets sont la cause des changements de position que nous venons de signaler. Peut-être y a-t-il là quelque relation véritable ; mais il ne faut pas oublier que les mouvements intra-cellulaires de la matière plasmatique ont lieu jour et nuit, et que la lumière n'a pas d'action marquée sur eux. Les particules vertes au contraire rampent sur la paroi de la cellule, et se dirigent vers la portion la plus éclairée, comme font les zoospores et certains infusoires.

Biot raconte qu'en 1807, se trouvant à Fomentera, occupé aux travaux du prolongement de la méridienne, il employait ses heures de loisir à analyser les gaz contenus dans la vessie natatoire des poissons qui vivent dans la mer à diverses profondeurs. L'oxygène qui lui était nécessaire pour ces analyses lui était fourni par des feuilles de *cactus opuntia* qu'il exposait dans l'eau à la lumière solaire sous des cloches de verre, appliquant ingénieusement la découverte d'Ingenhousz et de Senebier. Il s'avisa un jour d'exposer ces feuilles dans un lieu obscur à l'éclairement opéré par des lampes placées au foyer de trois grands miroirs réflecteurs qui servaient pour les signaux de nuit de la grande triangulation. Il jeta la lumière de trois de ces réflecteurs sur les feuilles de cactus. On n'aurait pas pu placer l'œil dans cette masse de lumière sans être aveuglé, dit Biot. L'expérience, maintenue pendant une heure, ne fit pas dégager une seule bulle de gaz. La cloche fut portée alors à la lumière diffuse, hors de la cabane. Le soleil ne brillait pas, mais le dégagement de gaz eut lieu à l'instant avec une grande rapidité. Biot s'étonne quelque peu du résultat et conclut que la lumière artificielle est impuissante à faire ce que fait la lumière solaire. Les travaux de M. Prillieux et d'autres botanistes contemporains ont établi que toute lumière agit sur la respiration des plantes, mais à la condition de n'être pas trop vive. Dans le cas de Biot, la lumière artificielle est restée inactive, parce qu'elle était beaucoup trop intense.

## Section III

Lavoisier dit quelque part : « L'organisation, le mouvement spontané, la vie n'existent qu'à la surface de la terre, dans les lieux exposés à la lumière. On dirait que la fable du flambeau de Prométhée était l'expression d'une vérité philosophique qui n'avait pas échappé aux anciens. Sans la lumière, la nature était sans vie : elle était morte et inanimée. Un dieu bienfaisant, en apportant la lumière, a répandu sur la surface de la terre l'organisation, le sentiment et la pensée. » Ces paroles sont très vraies dans le fond. Toute activité organique fut bien évidemment à l'origine empruntée au soleil, et si depuis la terre a emmagasiné, s'est approprié une quantité d'énergie suffisante pour engendrer quelquefois d'elle-même ce qui procéda au début de l'incitation solaire, il ne faut pas perdre de vue que ces forces vives, aux aspects mouvants et compliqués, quelquefois nos impitoyables ennemies, souvent nos humbles servantes, sont descendues et descendent toujours sur notre planète de l'astre inépuisable. L'étude de la vie animale nous montre dans des exemples saisissants l'efficacité physiologique de la lumière, et cette sorte de chaîne immatérielle qui suspend les êtres au foyer incandescent et fécond de l'univers connu.

Chez les plantes, nous l'avons vu, la respiration nocturne est l'inverse de la respiration diurne. Il existe des infusoires qui se comportent, sous l'influence de la lumière, absolument comme les parties vertes des plantes. Ces animalcules microscopiques se développent dans les eaux stagnantes lorsqu'il fait beau, et y respirent en produisant de l'oxygène aux dépens de l'acide carbonique contenu dans le liquide. MM. Morren ont vu que l'oxygénation de l'eau déterminée par ces petits êtres varie très sensiblement dans l'espace de vingt-quatre heures. Elle est à son minimum au lever du soleil, et atteint son maximum vers quatre heures du soir. Si le temps se couvre ou si les animalcules disparaissent, le phénomène est suspendu. Ce n'est là qu'une exception. Les animaux respirent la nuit de la même façon que le jour, mais avec une moindre intensité. Jour et nuit, ils brûlent du charbon dans l'intérieur de leurs tissus et forment de l'acide carbonique. Seulement l'activité du phénomène est bien plus considérable à la lumière que dans l'obscurité.

La lumière accélère chez les animaux le mouvement vital, et en particulier les actes nutritifs. L'obscurité les ralentit. Ce fait, connu et appliqué depuis très longtemps dans la pratique agricole, est expressément signalé par Columelle. Il recommande, si l'on veut engraisser des volailles, de les élever dans des cages étroites et non éclairées. Le laboureur, pour engraisser son bétail, l'enferme dans des étables entourées de fenêtres petites et basses. Dans le clair-obscur de ces prisons, le travail de désassimilation s'opère avec lenteur, et les matières nutritives, au lieu d'être brûlées dans le torrent circulatoire, s'accumulent plus aisément dans les organes. De même pour développer chez les oies d'énormes foies gras, on les plonge dans des caves noires, où elles sont gorgées de maïs et maintenues dans l'immobilité.

Les animaux s'étiolent comme les plantes. L'absence de lumière tantôt les fait dépérir, tantôt les transforme complètement et modifie leur organisation de la façon la moins avantageuse au plein exercice des facultés vitales. Ceux qui vivent dans les cavernes sont comme les plantes qui poussent dans les caves. On trouve dans certains lacs souterrains de la Basse-Carniole des reptiles très bizarres ressemblant aux salamandres, et qu'on appelle des *protées*. Ils sont presque blancs, et n'ont que des yeux rudimentaires. Lorsqu'on les expose à la lumière, ils paraissent souffrir, et leur peau se colore. Il est très probable que ces êtres n'ont pas toujours vécu dans l'obscurité où ils sont aujourd'hui relégués, et que c'est l'absence prolongée de lumière qui a détruit chez eux la couleur de la peau et anéanti l'organe de la vision. Les êtres ainsi privés du jour sont exposés à toutes les faiblesses et à tous les inconvénients de la chlorose et de l'appauvrissement du sang. Ils croissent et se bouffissent, comme le champignon blafard, sans connaître le salutaire baiser des effluves lumineuses.

William Edwards, à qui la science doit tant de recherches sur l'action des agents physiques, étudia vers 1820 l'influence que la lumière exerce sur le développement des animaux. Il plaça des œufs de grenouille dans deux vases pleins d'eau, dont l'un était transparent, et dont l'autre était rendu imperméable à la lumière par une enveloppe de papier noir. Les œufs exposés à la lumière se développèrent régulièrement ; ceux du vase obscur ne fournirent que des rudiments d'embryons. Il mit ensuite des têtards de crapauds dans de grands vases, les uns inaccessibles à la clarté du jour, les autres transparents. Les têtards qui étaient éclairés se métamorphosèrent promptement pour revêtir la forme adulte, tandis que les autres, ou bien demeurèrent à l'état de têtards, ou bien ne passèrent qu'avec une extrême difficulté à l'état d'animaux parfaits. Trente ans plus tard, M. Moleschott fit plusieurs centaines d'expériences pour rechercher comment la lumière modifie la quantité d'acide carbonique exhalé dans la respiration. En opérant sur des grenouilles, il trouva que le volume de gaz exhalé sous l'influence du jour est supérieur d'un quart au volume exhalé dans l'obscurité. Il constata d'une façon générale que la production d'acide carbonique s'accroît proportionnellement à l'intensité de la lumière. Ainsi, pour une intensité lumineuse représentée par 3,27, on obtenait 1 d'acide carbonique, et pour une intensité de 7,38, on en obtenait 1,18. Le même physiologiste pense que chez les batraciens l'activité de la lumière se transmet en partie par la peau, en partie par les yeux.

M. Jules Béclard a fait des recherches plus complètes. Des œufs de mouche ordinaire pris dans un même groupe et placés en même temps sous des cloches diversement colorées donnent tous naissance à des vers. Cependant, si au bout de quatre ou cinq jours on compare les vers nés sous les cloches, on remarque parmi eux de notables différences. Les vers les plus développés correspondent au rayon violet et au rayon bleu. Les vers éclos dans le rayon vert le sont beaucoup moins. Les rayons rouge, jaune et blanc exercent une action moyenne. Une longue série d'expériences sur les oiseaux a montré à M. Béclard que la quantité d'acide carbonique formée par la respiration en un temps donné n'est pas sensiblement modifiée par les diverses cloches colorées sous lesquelles on a placé ces animaux. Il en est de même pour les petits mammifères tels que les souris ; mais il est à remarquer ici que la peau est couverte, soit de plumes, soit de poils, et que la lumière ne frappe pas à la surface. Le même physiologiste a examiné aussi l'influence des divers rayons colorés du spectre sur les grenouilles. Dans le rayon vert, un même poids de grenouilles produit en un même laps de temps une quantité d'acide carbonique plus considérable que dans le rayon rouge. La différence peut être de plus de moitié ; elle est généralement d'un tiers ou d'un quart en sus ; mais si ensuite on enlève aux grenouilles leur peau et si on les replace dans les mêmes conditions, le résultat change. La quantité d'acide carbonique produite par les grenouilles dépouillées est plus considérable dans le rouge que dans le vert. Un petit nombre d'essais tentés par M. Béclard sur l'exhalation cutanée de la vapeur d'eau montrent que, dans l'obscurité (à température et à poids égal), les grenouilles perdent par évaporation une quantité d'eau moitié moindre ou d'un tiers moindre qu'à la lumière blanche. Dans le rayon violet, la quantité d'eau perdue par l'animal est sensiblement la même qu'à la lumière blanche.

La lumière agit directement sur l'iris de presque tous les animaux et détermine ainsi le resserrement de la pupille, tandis que la chaleur opère le phénomène inverse. Cette excitation s'observe sur des yeux séparés depuis un certain temps du corps, ainsi que l'a constaté M. Brown-Séquard.

M. Bert a imaginé récemment des expériences fort curieuses sur les prédilections des animaux pour les divers rayons colorés. Il a pris des crustacés presque microscopiques, très communs dans nos eaux douces, des *daphnies puces* ; remarquables par l'empressement avec lequel ils se précipitent vers la lumière. Un certain nombre de ces insectes fut placé dans un vase de verre bien noirci ; on y introduisit ensuite un spectre lumineux. Les daphnies erraient dispersées dans le vase obscur. Sitôt que les couleurs du spectre apparurent, elles s'agitèrent et se groupèrent dans la direction de la traînée lumineuse. Un écran ayant été interposé, elles se dispersèrent de nouveau. Toutes les couleurs du spectre attiraient d'abord les daphnies. On remarqua bientôt qu'elles accouraient beaucoup plus vite au jaune et au vert, et que même, si à ces rayons on faisait succéder immédiatement les rayons violets, elles s'éloignaient un instant. Dans cette région du spectre jaune, vert et orangé, c'était donc un grouillement, une attraction surprenante. Une assez grande quantité de petits êtres se voyait encore dans le rouge, un certain nombre dans le bleu, quelques-uns, de plus en plus rares à mesure qu'on s'éloignait, dans les portions plus réfrangibles du violet et de l'ultraviolet. La région la plus lumineuse et la plus agréable du spectre était pour ces daphnies la même que pour nous. Elles s'y comportaient comme un homme qui, éclairé par un spectre et voulant lire quelque chose, s'approcherait du jaune et s'éloignerait du violet. Cela prouve d'abord que les daphnies voient tous les rayons lumineux que nous voyons nous-mêmes. Aperçoivent-elles les rayons calorifiques et chimiques, c'est-à-dire ultra-rouges et ultra-violets, qui n'affectent point notre rétine ? Les expériences de M. Bert nous autorisent à répondre que non. Ce physiologiste est même conduit à affirmer que, vis-à-vis de la lumière et des divers rayons, tous les animaux éprouvent les mêmes impressions que l'homme.[1] Voyons maintenant l'influence de la lumière sur la couleur de la peau des animaux, et parlons d'abord de l'être qui à cet égard offre les particularités les plus bizarres, du caméléon. Cet animal éprouve en effet, dans le courant d'une même journée, des modifications de couleur très nombreuses. Depuis Aristote, qui rapportait ces changements à un gonflement de la peau, et Théophraste, qui les attribuait à la peur, jusqu'à Wallisnieri, qui leur assigne pour cause le mouvement des humeurs à la surface du corps de l'animal, les opinions les plus diverses ont été produites à ce sujet. M. Milne Edwards, il y a une trentaine d'années, les expliqua par des inégalités successives dans la proportion des deux matières, l'une jaunâtre et l'autre violacée, qui colorent la peau de ce reptile, inégalités dues au changement de volume des cellules très aplaties qui contiennent ces substances colorantes. M. Brucke, qui a repris ces études, a démontré que les couleurs du caméléon

---

[1] On sait que les éclipses de soleil produisent sur les animaux et même sur certaines peuplades sauvages des effets très singuliers, et qu'ils manifestent alors leur effroi par des signes frappants.

sont dues aux dispersions multiples de la lumière solaire dans les cellules colorées, c'est-à-dire à la production du même phénomène qui s'observe dans les bulles de savon et dans toutes les lames minces. Les teintes du caméléon proviennent donc des jeux du soleil dans les substances jaunes et violettes distribuées avec un art particulier sous son épiderme ridé. Il passe de l'orangé au jaune, du vert au bleu, par une série de nuances chatoyantes et irisées, subordonnées à l'état de la radiation diurne. L'obscurité le fait pâlir, le demi-jour marbre son corps des plus fines nuances, le soleil le noircit. Une portion de peau froissée ou contusionnée reste noire et ne blanchit plus à l'obscurité. M. Brucke s'est d'ailleurs assuré que la température n'a aucune influence sur ces phénomènes.

Tous les animaux qui ont un pelage ou des plumes ont le dos plus foncé et plus coloré que le ventre. Leurs couleurs sont aussi plus intenses en été qu'en hiver. Les papillons de nuit n'ont jamais la teinte brillante des diurnes, et parmi ces derniers, ceux du printemps ont des nuances plus claires, plus fraîches, que ceux de l'automne. La poussière d'azur et d'or qui les pare suit la tonalité des couleurs de la nature ambiante. Les oiseaux de nuit également ont un plumage sombre, et la mollesse de leurs téguments contraste avec la rigidité de celui des oiseaux de jour. Les coquilles abritées sous les rochers ont des nuances pâles comparativement à celles qui s'abreuvent de lumière. Nous avons parlé plus haut des animaux des cavernes. Quelle différence entre ceux des régions froides et ceux des pays équatoriaux ! Le coloris des oiseaux, des mammifères et des reptiles qui peuplent ces immenses forêts ou qui bordent ces grands fleuves de la zone torride est d'une richesse éblouissante. Au nord, ce sont des teintes grises, mates, peu variées, généralement proches du blanc à cause de la réverbération presque constante de la neige.

Ce n'est pas seulement la couleur des êtres organisés, c'est encore leur forme qui est liée à l'action de la lumière, ou mieux, du climat. La flore et la faune terrestre acquièrent une perfection croissante à mesure qu'on s'avance du pôle à l'équateur. Plus les êtres se rapprochent du maximum de chaleur et de lumière, plus la richesse, le lustre et la beauté leur sont prodigués avec munificence. L'activité et la splendeur de la vie, les formes achevées aussi bien que les parures étincelantes, voilà ce qui distingue les espèces variées et multiples des régions tropicales, et ce qui donne une physionomie si caractéristique à ce monde privilégié. Pure émanation du soleil, cette nature vit sauvage et superbe, contemplant sans malaise, comme l'aigle des Alpes, la source éternelle et sublime qui lui verse la chaleur et l'éclat. Voyez maintenant les environs du pôle ! Quelques broussailles ternes, quelques plantes herbacées et grêles, voilà toute la flore. Les animaux y ont un vêtement pâle, des plumes duveteuses, les insectes des nuances obscures. Tout près sont les dernières limites de la vie… La glace envahit tout. La mer seule nourrit encore quelques acalèphes, quelques zoophytes et autres humbles rudiments d'organisation. Là le soleil est oblique et rare. A l'équateur, il darde sa flamme, il se donne tout entier à l'heureux Éden de sa prédilection !

## Section IV

Il nous reste à marquer les relations de la lumière avec l'être qui la sent le mieux et peut le mieux exprimer ce qu'il en éprouve, avec l'homme lui-même. Le nouveau-né cherche instinctivement le jour, il se tourne du côté où la lumière arrive, et, si l'on gêne alors le mouvement spontané des yeux de l'enfant, le strabisme peut en résulter.

Notre œil est de tous nos organes celui qu'affecte plus particulièrement la lumière. C'est de nos yeux que nous viennent toutes les notions immédiates du monde extérieur et toutes les impressions esthétiques. Or l'excitabilité de notre rétine présente des variations de toute sorte. On a vu des prisonniers enfermés dans d'obscurs cachots acquérir à la longue la faculté d'y voir distinctement. En même temps, leurs yeux deviennent sensibles aux plus légers changements dans l'intensité de la lumière. En 1766 Lavoisier, à propos de questions mises au concours par l'Académie des Sciences sur l'éclairage de Paris, s'aperçut après quelques tentatives que sa vue manquait de la délicatesse nécessaire pour apprécier les intensités relatives des diverses flammes qu'il voulait comparer. Il fit alors tendre une chambre en noir, et s'y enferma pendant six semaines dans une obscurité complète. Au bout de ce temps, la sensibilité de sa vue était telle qu'il appréciait les différences les plus petites. Le passage brusque d'un lieu obscur à un jour éclatant est d'ailleurs plein de péril. Denys le Tyran avait fait construire un bâtiment aux murs clairs et blanchis à la chaux, et y introduisait subitement des malheureux soustraits depuis longtemps à la lumière. Ce contraste suffisait pour les rendre aveugles. Xénophon raconte qu'un grand nombre de soldats grecs perdirent la vue par la réverbération de la neige en traversant les montagnes de l'Arménie. Tous les voyageurs qui ont visité les régions polaires ont été témoins d'effets analogues produits par l'éclat de la neige. Quand l'impression de la lumière sur l'œil est puissante et instantanée, c'est la rétine qui souffre le plus. Si, moins énergique, elle est prolongée davantage, ce sont les humeurs de l'œil qui sont altérées. Le phénomène auquel on a donné le nom de *coup de soleil* est dû à l'action de la lumière et non pas, comme on l'a cru souvent, à une élévation de température. Il se produit quelquefois au printemps, alors que la température est peu élevée. Une lumière artificielle très intense peut également y donner lieu, surtout la lumière électrique. Les parties violettes et ultra-violettes du rayonnement lumineux paraissent être la cause de cette action, car les écrans en verre d'urane qui absorbent ces parties préservent les yeux des expérimentateurs occupés à l'étude de la lumière électrique. Cet érythème est une véritable inflammation.

L'action de la lumière sur la peau de l'homme est évidente. Elle brunit et hâle nos téguments en y déterminant la production de la matière colorante qu'ils contiennent. Les parties du corps habituellement dénudées, comme la peau de la face et des mains, sont plus foncées que les autres. Dans le même pays, les habitants des campagnes sont plus hâlés que ceux de la ville. A des latitudes un peu distantes, les habitants d'un même pays diffèrent de teinte dans une proportion sensiblement en rapport avec l'intensité de la lumière solaire. En Europe, on distingue parfaitement trois variétés de coloration du tégument : le brun olive avec œil noir, chevelure et barbe noire, le châtain avec barbe fauve et œil azuré, le blond avec barbe blonde cendrée et œil bleu de ciel. Les peaux blanches laissent voir plus facilement les altérations déterminées par la lumière et la chaleur ; mais, quoique moins tranchés, les faits de coloration variée s'observent aussi ailleurs. La race scythe-arabe n'a qu'une moitié de ses représentants en Europe et dans l'Asie centrale, le reste descend vers l'Océan indien, en continuant à témoigner par des teintes brunes croissantes des ardeurs graduelles des climats. Les Hindous de l'Himalaya sont presque blonds ; ceux du Décan, du Coromandel, du Malabar, de Ceylan, sont plus foncés que certaines tribus nègres. Les Arabes, olives et presque blonds en Arménie et en Syrie, sont basanés dans l'Yémen et le pays de Mascate. Les Égyptiens offrent une gamme chromatique ascendante du blanc au noir, en partant des bouches du Nil et en rebroussant vers ses sources. Même remarque pour les Twariks du versant méridional de l'Atlas, qui sont simplement olivâtres, tandis que leurs frères de l'intérieur de l'Afrique sont noirs. Les monuments antiques de l'Égypte nous montrent un fait non moins significatif. Les hommes y sont toujours représentés en rouge-brun ; ils vivaient en plein air ; les femmes, toujours renfermées, ont une teinte jaune pâle. Barrow assure que les Tartares mandchoux ont blanchi pendant leur séjour en Chine. Rémusat, Pallas, Gutzlaff décrivent des femmes chinoises remarquables par un teint blanc européen. Les juives du Caire ou de Syrie, toujours cachées sous des voiles ou dans des maisons, ont le teint blafard et mat. Dans les races jaunes de la Sonde et des Maldives, les femmes, toujours couvertes, sont pâles comme la cire. On sait d'ailleurs que les Esquimaux blanchissent pendant leur long hiver. Sans doute ces phénomènes sont des résultats de plusieurs influences simultanées, et la lumière n'y joue pas seule un rôle. La chaleur et d'autres conditions de milieu interviennent probablement dans ces actes chromatiques. L'action particulière et effective de la radiation lumineuse y est pourtant incontestable.[1]

Tout le système des fonctions organiques participe aux bienfaits de la lumière. L'obscurité semble favoriser la prépondérance du système lymphatique, la susceptibilité des membranes muqueuses aux affections catarrhales, la flaccidité des parties molles, les gonflements, les déviations du système osseux, etc. Les mineurs, les ouvriers qui travaillent dans des ateliers mal éclairés, sont exposés à toutes ces causes de *misère physiologique*. Remarquons à ce propos que certaines radiations du spectre se comportent envers l'animal comme l'obscurité, la lumière orangée entre autres, qui, d'après M. Bert, entrave le développement des batraciens. Or, si

[1] Voyez, pour l'étude de ces changements de couleur en connexité avec l'intensité lumineuse, *le Soudan*, par M, Trémaux, et l'*Histoire des races humaines*, par M. de Salles.

cette lumière est funeste aux animaux, elle ne l'est pas aux plantes, ainsi que nous l'avons vu. Réciproquement la lumière verte, qui est nuisible aux végétaux, est extrêmement favorable aux animaux. Il y a donc une sorte d'opposition et d'équilibre sous le rapport des affinités lumineuses dans les deux grands règnes vivants. La lumière blanche semble se partager, comme dit M. Dubrunfaut, en deux faisceaux complémentaires sous l'influence des êtres vivants, un faisceau vert et un faisceau orangé, qui manifestent des qualités antagonistes dans la nature. Ce qu'il y a de certain, c'est que la lumière verte est un très vif et très hygiénique stimulant de nos fonctions, et que le printemps est, à cause de cela, la saison privilégiée et enchantée.

La corrélation entre la perfection des formes et l'accroissement de l'intensité lumineuse se vérifie dans l'espèce humaine comme dans les autres. L'esthétique, d'accord avec l'ethnographie, démontre que la lumière tend à développer les différentes parties du corps dans une juste et harmonieuse proportion. Humboldt, si fin observateur, dit en parlant des Chaymas : « Hommes et femmes ont le corps très musculeux, mais charnu, à formes arrondies. Il est superflu d'ajouter que je n'ai vu aucun individu qui ait une difformité naturelle : je dirai la même chose de tant de milliers de Caraïbes, de Muycas, d'Indiens mexicains et péruviens que nous avons observés pendant cinq ans. Ces difformités du corps, ces déviations sont infiniment rares dans de certaines races d'hommes, surtout chez les peuples qui ont la peau fortement colorée. » Il est assez malaisé sans doute de concevoir comment la lumière peut modeler, exercer une action plastique. Pourtant, en considérant son effet tonique sur le tégument externe et son influence générale sur les fonctions, on peut lui attribuer le rôle de répartir le mouvement vital avec ordre et harmonie dans l'ensemble des organes. Les hommes qui vivent nus sont constamment dans un bain de lumière. Aucune des parties de leur corps n'est soustraite à l'action vivifiante du rayonnement solaire. De là un équilibre qui assure la régularité des fonctions et du développement.

On dit communément qu'une fatale causalité règle les opérations de la matière et qu'une libre spontanéité est l'apanage de celles de l'esprit. Peut-être pourrait-on remarquer à ce sujet que, dans bien des cas, les causes qui agissent dans la matière nous échappent, et que non moins souvent les causes qui agissent dans l'esprit nous écrasent ; mais nous n'avons pas ici à élucider cette redoutable antinomie où le génie de Kant a échoué. Nous voulons seulement faire remarquer combien la lumière a d'influence sur le système des fonctions intellectuelles. L'âme y trouve la moins décevante des consolations qu'elle cherche à l'éternelle tristesse de notre destinée, à l'âpre mélancolie des choses. La pensée, enchaînée et muette dans un endroit obscur, se dégage et s'anime le soir dans une salle éblouissante de clarté. Nous ne pouvons pas éviter les fâcheuses dispositions que provoque un temps sombre et pluvieux, ni résister à l'élan joyeux que donne le spectacle d'une journée radieuse. Il faut ici confesser notre esclavage. Aimable servitude au demeurant, et qui ne procure que des douceurs ! Et pourquoi ne nous mettrions-nous pas à l'unisson de toutes les choses animées et inanimées, qui, sitôt que la lumière les touche, vibrent, tressaillent et manifestent dans mille langages divers la volupté stimulante et enchanteresse de ce contact ? C'est instinctivement et spontanément que nous la recherchons partout, et que nous sommes toujours heureux de la découvrir. Elle nous est en quelque sorte adéquate. Aussi quel rôle elle joué et quelle charme elle introduit dans les œuvres de la poésie et de l'art !

Ce n'est point ici le lieu de développer ce chapitre attrayant et presque inédit de l'esthétique, de montrer, par l'examen des milieux cosmiques et des grands maîtres de toutes les époques, la relation de l'atmosphère et de l'art, non pas d'après un ensemble d'analogies empiriques et de remarques subtiles, mais d'après une sévère physiologie et une rigoureuse optique. Il y aurait un beau tableau à tracer de ces aspects multiples et variables du ciel et de tous les caprices de l'illumination atmosphérique dans leur influence sur le physique et le moral des peintres, des poètes, des musiciens. La physionomie diversifiée du soleil, les feux de l'aurore et du couchant, les opalescences de l'air, les gazes du crépuscule, les réflexions bleues, vertes, irisées, nacrées de la mer ou de la montagne, toutes ces choses ont un fatal écho dans les élaborations intimes et inconscientes de la vie comme dans l'âme du spectateur intelligent des œuvres naturelles. Elles s'y traduisent par les vibrations les plus délicates, les plus caressantes et les plus efficaces. Celui qui les discernera, les démêlera, les classera et les comprendra dans leur ensemble extraordinairement complexe, celui-là rendra un grand service à la science et à l'art. Il ne fera point de l'artiste un automate, il n'assimilera point l'homme à une plante qui puise toutes ses vertus dans le terreau où elle est née, mais il saisira le mécanisme presque inaperçu de tout un système de rouages puissants.

Section IV

ISBN : 978-1978000476

www.ingramcontent.com/pod-product-compliance
Lightning Source LLC
Chambersburg PA
CBHW050254230526
45470CB00005B/2260